四川省工程建设地方标准

四川省城镇二次供水运行管理标准

Standard for operation and management of the urban secondary water supply in Sichuan Province

DBJ51/T081 – 2017

主编部门：　四 川 省 住 房 和 城 乡 建 设 厅
批准部门：　四 川 省 住 房 和 城 乡 建 设 厅
施行日期：　2 0 1 8 年 1 月 1 日

西南交通大学出版社

2017　成　都

图书在版编目（CIP）数据

四川省城镇二次供水运行管理标准 / 四川省城镇供水排水协会，成都市兴蓉环境股份有限公司主编. —成都：西南交通大学出版社，2018.5
（四川省工程建设地方标准）
ISBN 978-7-5643-6071-9

Ⅰ. ①四… Ⅱ. ①四… ②成… Ⅲ. ①城镇－生活供水－管理－地方标准－四川 Ⅳ. ①TU991-65

中国版本图书馆 CIP 数据核字（2018）第 031361 号

四川省工程建设地方标准

四川省城镇二次供水运行管理标准

主编单位	四川省城镇供水排水协会 成都市兴蓉环境股份有限公司

责任编辑	牛　君
封面设计	原谋书装
出版发行	西南交通大学出版社 （四川省成都市二环路北一段 111 号 西南交通大学创新大厦 21 楼）
发行部电话	028-87600564　028-87600533
邮政编码	610031
网　　址	http：//www.xnjdcbs.com
印　　刷	成都蜀通印务有限责任公司
成品尺寸	140 mm × 203 mm
印　　张	1.5
字　　数	36 千
版　　次	2018 年 5 月第 1 版
印　　次	2018 年 5 月第 1 次
书　　号	ISBN 978-7-5643-6071-9
定　　价	22.00 元

各地新华书店、建筑书店经销

四川省住房和城乡建设厅
关于发布工程建设地方标准
《四川省城镇二次供水运行管理标准》的通知

川建标发〔2017〕695 号

各市州及扩权试点县住房城乡建设行政主管部门，各有关单位：

由四川省城镇供水排水协会和成都市兴蓉环境股份有限公司主编的《四川省城镇二次供水运行管理标准》已经我厅组织专家审查通过，现批准为四川省推荐性工程建设地方标准，编号为：DBJ51/T081－2017，自 2018 年 1 月 1 日起在全省实施。

该标准由四川省住房和城乡建设厅负责管理，四川省城镇供水排水协会负责技术内容解释。

四川省住房和城乡建设厅

2017 年 9 月 22 日

前　言

根据四川省住房和城乡建设厅《关于下达工程建设地方标准〈四川省城镇二次供水运行管理标准〉编制计划的通知》(川建标发〔2015〕239 号)的要求，标准编制组经大量调查研究，认真总结城镇二次供水运行管理经验，参考有关国内标准，并在广泛征求意见的基础上，制定了本标准。

本标准共分 9 章和 1 个附录，主要技术内容包括：1 总则，2 术语，3 基础管理，4 水质管理，5 运行管理，6 二次供水服务，7 安全管理，8 环境管理，9 应急管理。

本标准由四川省住房和城乡建设厅负责管理，由成都市兴蓉环境股份有限公司负责具体技术内容的解释。执行过程中如有意见或建议，请将相关资料寄送至成都市兴蓉环境股份有限公司(邮编：610041，地址：成都市高新区锦城大道 1000 号，电话：028-85293300，邮箱：xrec000598@cdxrec.com)。

主编单位： 四川省城镇供水排水协会
成都市兴蓉环境股份有限公司

参编单位： 中国市政工程西南设计研究总院有限公司
成都市自来水有限责任公司
上海海德隆流体设备制造有限公司
杭州杭开新能源科技股份有限公司
成都宁水科技有限公司
南京宁水机械设备工程有限公司

上海凯泉泵业（集团）有限公司
四川博海供水设备有限公司
四川沃加科技有限公司

参加单位： 宜宾市清源水务集团有限公司
自贡水务集团有限公司
乐山市自来水有限责任公司

主要起草人： 罗万申　王　斌　贾代林　陈世恩
黄保平　熊　宇　胡　明　任大庆
李　明　仲丽娟　李恭鹏　陈智勇
段江河　齐　宇　纪胜军　吴键刚
洪　健　何海云　赵淞江　周　波
张晓晖　李承朋　张　于　熊代兵
丁晓锋　陈英华　杜大虎　王卫华
李燕秋

主要审查人： 廖　楷　方　成　王家良　郑　昊
杨　松　蒲　彬　李　良

目　次

Contents

1 总 则

1.0.1 为规范和加强城镇二次供水运行管理工作，确保二次供水水质、水压和水量符合现行相关标准的规定，制定本标准。

1.0.2 本标准适用于四川省行政区域内城镇生活饮用水二次供水的运行管理。

1.0.3 本标准不适用于四川省行政区域内城镇工业用水、再生水及消防用水的二次供水运行管理。

1.0.4 城镇二次供水的运行管理除应符合本标准外，尚应符合国家和地方现行有关标准的规定。

2 术 语

2.0.1 二次供水 secondary water supply

当城镇供水不能满足用户对水量、水压的要求时，通过储存、加压等措施，经管道供给用户的供水方式。

2.0.2 二次供水管理 secondary water supply management

为确保生活饮用水二次供水水质、水压和水量符合现行相关标准的规定，二次供水运营单位开展的相关运营管理活动。

2.0.3 二次供水运营单位 secondary water supply operating units

从事城镇生活饮用水二次供水运营管理的独立法人单位。

2.0.4 二次供水设施 secondary water supply installation

从城镇供水管道取水点或结算水表至二次供水终端用户水表之间设施的总称。

3 基础管理

3.1 运行资格

3.1.1 二次供水运营单位应具有独立法人资格。

3.1.2 二次供水运营单位应取得卫生行政部门的卫生许可。

3.1.3 二次供水运营单位从事二次供水设施运行、维护管理的人员，应持证上岗。

3.2 岗位管理

3.2.1 二次供水运营单位应合理设置专职或兼职运行管理、卫生管理、安全保卫等岗位。

3.2.2 运行管理人员应熟悉二次供水系统所有设施、设备的技术指标和运行要求，具备相应的专业技能，并经专业培训合格后方能上岗。

3.2.3 二次供水运营单位应制订并实施单位内部岗位培训计划，开展管理培训和技能培训。

3.3 制度管理

3.3.1 二次供水运营单位应建立设施运行、维护保养、更新改造、清洗消毒、水质检测、查表收费、档案管理、应急、安全保卫等制度。

3.3.2 二次供水运行管理过程应按制度执行，并对制度执行情况进行记录和监督检查。

3.3.3 二次供水运营单位应定期对制度进行评估和修订，确保其有效性和适宜性。

3.3.4 二次供水运营单位建立的基本制度应符合本标准附录A的要求。

3.4 接收管理

3.4.1 二次供水运营单位接收管理二次供水设施时，应按照二次供水相关技术和卫生标准、规范，与产权人、移交方共同对二次供水设施进行检查。不符合相关标准要求的，应告知产权人及时整改，直到符合相关标准方可接收。

3.4.2 二次供水运营单位接收管理二次供水设施时，应查验二次供水设施竣工验收和水质检测合格证明材料，收集竣工总平面图、结构及设备竣工图、地下管网工程竣工图、泵房电气控制图、可编程逻辑控制器（PLC）控制程序、变频器参数设置清单、设备的安装使用及维护保养、设施设备维修及更新改造记录和查表收费记录等档案资料。

3.4.3 涉水设施接收后必须对供水设备、管道进行冲洗和消毒。

3.5 合同管理

3.5.1 二次供水运营单位与产权人签订的二次供水运行维护管理合同或协议至少应包含下列内容：

1 二次供水设施的运行维护管理内容及标准；

2　供水水质、水压和查表收费等二次供水服务内容及标准；

3　大修及更新改造程序及标准；

4　二次供水设施档案管理内容及标准；

5　二次供水设施运行维护管理费用；

6　安全防范措施；

7　环境卫生管理；

8　二次供水管理用房；

9　双方的权利、义务和违约责任；

10　合同期限。

3.5.2　二次供水运营单位应与供水企业签订供用水合同或协议，双方就供水水质、水压、水量、结算水表、查表收费及信息传递等相关事宜进行约定。

3.5.3　二次供水运营单位可与物业服务单位签订二次供水设施的巡护等相关协议，约定双方职责。

3.6　档案管理

3.6.1　二次供水运营单位应对二次供水设施竣工资料和技改资料等进行收集整理，录入立卷，并建立档案目录。

3.6.2　二次供水运营单位应对供水设施运行、维护、清洗、消毒记录等进行立卷归档。

3.6.3　二次供水运营单位应对查表收费记录、财务报表和人力资源管理资料等进行立卷归档。

3.6.4　二次供水运营单位应建立档案查询借阅制度，实现可检索、可追溯。

3.7 公示及公告

3.7.1 二次供水运营单位应按有关规定建立公示公告制度。

3.7.2 二次供水运营单位应按规定对水质检测结果、清洗消毒情况及停水情况等进行公示或公告。

4 水质管理

4.1 水质及水质检测

4.1.1 二次供水运营单位应确保供水水质符合《生活饮用水卫生标准》GB 5749 的规定。

4.1.2 二次供水运营单位应具备色度、浑浊度、消毒剂余量三项重要水质指标的检测能力。

4.1.3 二次供水的水质指标的必测项目、选测项目和增测项目应符合《二次供水设施卫生规范》GB 17051 的规定。

4.1.4 二次供水运营单位不具备除本标准第 4.1.2 条以外其他指标的检测能力时，应委托依法设立的具有相应检测资质的水质检测机构进行检测。

4.1.5 水质检测频次及方法应按照《城市供水水质标准》CJ/T 206 和《生活饮用水标准检验方法》GB/T 5750 的有关规定进行。

4.1.6 二次供水运营单位应检测水质并登记检测结果，做好水质档案管理工作。

4.1.7 二次供水运营单位应将水质检测结果及时向用户公示。

4.2 清洗消毒

4.2.1 二次供水运营单位应定期对储水设施进行清洗、消毒，时间间隔不得大于半年，并应在水质检测合格后才能投入使用。

4.2.2 发现水质不符合《生活饮用水卫生标准》GB 5749时，应当立即停止供水，对储水设施及管道进行清洗、消毒，水质检测合格后方可投入使用。

4.2.3 二次供水运营单位可以自行或委托专门从事二次供水储水设施清洗的单位，按照国家有关标准实施二次供水储水设施的清洗、消毒。

4.2.4 二次供水运营单位应保证储水设施清洗、消毒过程记录的真实性和可追溯性。

4.2.5 二次供水运营单位在储水设施进行清洗、消毒过程中，可邀请用户（业主）代表参与清洗、消毒过程的现场监督。

4.2.6 二次供水运营单位应对在线消毒设备进行功能检查，每半年不得少于一次，并实施相应的维护或维修。

4.2.7 二次供水运营单位计划对储水设施进行清洗、消毒前，应提前24小时向用户（业主）公告清洗、消毒的具体时间。

4.2.8 二次供水运营单位应及时向用户（业主）公示清洗、消毒情况。

5 运行管理

5.1 一般规定

5.1.1 二次供水运营单位应根据《二次供水工程技术规范》CJJ 140 和地方标准《城市建筑二次供水工程技术规程》DBJ 51/005 做好二次供水设施的日常运行、日常巡检、定期维护保养和维修工作。

5.1.2 二次供水运营单位应保证二次供水设施不间断供水。因计划性维护等原因需要停水或降压供水时，二次供水运营单位应提前 24 小时告知用户做好储水准备;因设备故障或紧急抢修不能提前通知的，应在抢修的同时通知用户。

5.1.3 因水质污染或水质不符合生活饮用水卫生标准需要停水时，二次供水运营单位应及时告知用户，并向城市供水和卫生行政主管部门报告。

5.1.4 二次供水运营单位应根据设备设施巡检制度的要求，宜每日对配电系统、加压设备设施、仪表、管道及附属设施、现场标示和安全设施等进行巡检，及时处置发现的问题，并做好巡检记录。

5.1.5 二次供水运营单位应按相关标准定期对各类设备、水箱、压力容器、管道及附属设施等进行日常、定期维护，必要时应进行关键设备的系统性大修，建立健全维护档案。

5.1.6 二次供水设施维护维修采用的涉水设备、材料必须符合《生活饮用水输配水设备及防护材料的安全性评价标准》

GB/T 17219 的规定。严禁使用国家、地方明令禁止、淘汰的设备和材料。

5.1.7 二次供水设施的运行不得影响城镇供水管网正常供水。

5.1.8 严禁二次供水管道与自备水源或非生活饮用水管道连接。

5.2 自控系统

5.2.1 二次供水运营单位应定期校核自控系统设置的水压参数，确保二次供水系统的水压满足最不利点的设计压力要求。

5.2.2 二次供水的进水方式、参数变更应征得供水企业的同意。

5.2.3 二次供水自控系统的控制、显示、报警和通信等功能的测试周期以及各类软件的备份周期不应超过一年。

5.2.4 二次供水运营单位在加压设备、控制仪表维修或更换后，应对运行控制参数进行校核，不得出现加压泵过载、振荡运行等异常情况。

5.3 安保系统

5.3.1 二次供水运营单位应规范二次供水泵房的人员进出管理，加强巡查及监控，严禁无关人员进入泵房、水（池）箱区域。

5.3.2 泵房、水池（箱）房等应配置防火防盗门、机械锁具，宜配置门禁系统。

5.3.3 二次供水运营单位应建立泵房、水箱等区域的视频监控系统，宜选用昼夜型监控摄像机并配置视频存储时间不低于 90 天的在线存储设备。

5.3.4 二次供水运营单位应结合人防、物防和技防措施，对储水设施和加压泵房实施封闭式管理，必要时可将门禁系统、视频系统的报警信号上传至二次供水监控平台。

5.3.5 二次供水运营单位应对构筑物门窗和通风口的防盗及防小动物侵入功能、水池（箱）人孔和通气帽防护盖板（罩）及锁具、视频及门禁系统进行日常巡检和定期维护，发现问题应及时处置。水池（箱）的人孔应加盖并实行双人双锁。

5.4 加压设备设施

5.4.1 二次供水运营单位对二次供水配电箱（柜）、电力及控制线路、恒压自动控制系统的维护每季度不应少于一次，维护内容应包括配电及电控装置的清洁及必要的除锈防腐；柜内温控及通风装置维护；线路规整、接线端子紧固；标识和元器件功能检查；防雷接地、保护接地设施维护等。其中配电箱（柜）、恒压控制柜内元器件、电接点的红外测温每月不宜少于一次。

5.4.2 二次供水运营单位应对水池（箱）及其附件、过滤器、防倒流装置进行停水检查、拆洗，每半年不应少于一次，发现问题应及时维修。

5.4.3 二次供水运营单位应对压力水容器及其附件、阀门、管路及可曲挠橡胶接头等过流部件进行检查，每半年不应少于一次。

5.4.4 二次供水运营单位应定期对各类长期开启或关闭的

阀门进行启闭操作，每半年不应少于一次；应定期组织对电动阀门限位开关及手电动切换装置进行校验，每年不应少于一次。应及时调整、更换故障阀门或部件，更换后应进行功能测试。

5.4.5 二次供水运营单位应定期对加压泵实施除尘、清洁、润滑和紧固，每半年不应少于一次，保证加压泵外观清洁、无锈蚀，润滑、散热和绕组绝缘良好。应根据加压泵运行状况和设备使用说明进行定期维护保养。水泵的噪声及振动应符合《二次供水工程技术规程》CJJ 140 的相关规定，配套电动机效率不应低于《中小型三相异步电动机能效限定值及能效等级》GB 18613 中能效等级 2 级标准。

5.4.6 二次供水运营单位应拟定重要备品备件的库存要求，制订重要设备维修、更换方案，出现故障时应及时维修或更换。配电系统及自控系统主要元器件应选用具有 CCC 认证的产品。自控系统、过程仪表、安防系统等控制设备的通信、数据传输宜选择通用标准接口和协议。

5.5 二次供水管道

5.5.1 二次供水运营单位应具备管道抢修能力或确定外委维修单位，及时修复故障管道。

5.5.2 二次供水运营单位对管道及附属设施的巡查周期不应大于一月，应根据巡查情况实施维护保养，并做好巡查、维护记录。

5.5.3 二次供水运营单位应根据水量监测情况自行或委托专业单位实施二次供水管网的探漏工作。

5.6 计 量

5.6.1 二次供水运营单位应将计量设备纳入计量管理，建立台账。

5.6.2 新装、更换或者维修后的计量设备必须经校准或检定合格后方可投入使用。

5.6.3 二次供水运营单位应在规定的周期内对计量设备进行校准、检定，及时更新标识和资料归档。

5.6.4 二次供水运营单位在查抄水表时应对水表运行情况进行检查，应及时维修或更换故障水表。

5.6.5 用户对水表计量准确性有异议时，二次供水运营单位应会同用户及时将水表送当地质量技术监督主管部门或其授权的法定机构进行检定。

5.6.6 二次供水运营单位对计量设备的巡查和维护周期不应大于3月，应保持其各功能部件完整有效、表盘标尺刻度清晰。

5.6.7 二次供水运营单位在更换压力、温度等信号传感器时，宜选用具有就地显示功能的仪表。

5.6.8 二次供水运营单位应对电耗、供销差等指标进行统计和分析。

5.7 抄表收费

5.7.1 二次供水运营单位应抄表到户。

5.7.2 二次供水运营单位宜建立集中抄表系统，并对水表进行编号管理。

5.7.3 二次供水运营单位应制订查表周期，定日查表。查表周期宜与供水企业一致。

5.7.4 二次供水运营单位应保证抄表收费系统的安全稳定运行。

5.7.5 二次供水运营单位应设置服务点，宜增加第三方代收或网上缴费等多种收费途径。

5.8 评估改进

5.8.1 二次供水运营单位应定期对二次供水设备设施运行参数及状态进行统计和评估。

5.8.2 二次供水运营单位应根据评估情况改进维护内容及标准，必要时应进行技术改造。

6 二次供水服务

6.0.1 二次供水运营单位应建立二次供水服务制度，服务制度应包括服务内容、服务标准、服务流程、服务规范和投诉处理等内容。

6.0.2 二次供水运营单位应设立24小时服务电话，宜建立网站、微信、电子邮件等售后服务渠道。

6.0.3 二次供水运营单位服务内容、服务标准、服务流程、服务规范和收费标准等应公示，接受社会监督。

6.0.4 二次供水运营单位应建立服务质量监督机制，对各项服务质量进行监督检查，妥善处理用户投诉。

7 安全管理

7.0.1 二次供水的安全生产管理应满足安全生产相关法律法规的要求，宜按照现行行业标准《企业安全生产标准化基本规范》AQ/T9006的相关要求组织安全生产管理工作。

7.0.2 二次供水运营单位应按照国家相关法律法规设置安全生产管理机构，建立安全生产责任制，配备专职或兼职安全生产管理人员，明确各部门和人员的安全生产职责。

7.0.3 二次供水运营单位应制订和分解安全生产目标，定期进行检查、监督和考核。

7.0.4 二次供水运营单位应建立安全生产投入保障制度，完善和改进安全生产条件，按规定提取安全费用，专项用于安全生产，并建立安全费用台账。

7.0.5 二次供水运营单位应按照安全规定和操作规程的要求，规范生产现场的作业行为，设置明显的安全警示标志，配置安全设施。

7.0.6 二次供水运营单位应定期进行安全隐患排查，制订安全隐患整改方案，并对整改完成情况进行跟踪评估。

7.0.7 二次供水运营单位应按照法律法规、标准规范的要求，为从业人员提供符合职业健康要求的工作环境和条件，配备与职业健康保护相适应的设施、工具和劳动防护用品。

7.0.8 二次供水运营单位应按国家相关规定配置消防设施，建立台账，定期进行消防专项检查，组织消防演练。

7.0.9 二次供水运营单位应做好水质仪表试剂、消毒药剂的安全管理，采购、存放和领用做到专人专管、定点存放，并做好采购、使用记录。

7.0.10 二次供水运营单位应根据《城市供水行业反恐怖防范标准》组织落实人防、物防和技防等反恐怖防范工作。

8 环境管理

8.0.1 二次供水运营单位应保证二次供水的储水、加压设施的卫生防护距离及要求符合国家现行有关标准的规定。宜划定泵房内设备维修与备品备件储存区域，并做好标识。

8.0.2 二次供水运营单位应定期对加压泵房、水箱房的照明系统照度进行测试，及时维修和增设照明设施，确保照度满足要求。供水泵房及电控室应设置应急照明。

8.0.3 二次供水运营单位应保证加压泵房、水池（箱）房通风、排水、防冻、降噪防振设施功能完好，宜建立温度、湿度、感烟、地面积水等预警、报警装置，泵房墙壁和天花板宜增设吸音、隔音装置。运行环境不满足设备设施运行条件时应采取相应措施。

8.0.4 二次供水设施周边不得有占压、堆垛等影响设施安全运行的情况。禁止易燃易爆、有毒有害物品及其他杂物靠近堆放。

8.0.5 二次供水运营单位应对二次供水设备设施和建筑物等进行日常保洁。

9 应急管理

9.0.1 二次供水运营单位应建立二次供水系统发生停电、爆管、设备设施故障、水质污染和防汛等应急预案。

9.0.2 二次供水运营单位应定期组织预案的培训、演练和评估。

9.0.3 二次供水运营单位应定期对应急设施、装备和物资进行检查和维护。

9.0.4 停水时间超出24小时的，二次供水运营单位应采取应急措施供水。

附录 A 二次供水运行管理主要制度目录

本附录为二次供水运营单位应建立的基本制度。二次供水运营单位可结合自身实际情况增加内容，建立管理制度体系。

岗位管理制度

档案管理制度

水质检测管理制度

设备设施巡检管理制度

设备设施维护保养管理制度

设备设施更新改造管理制度

治安防范管理制度

卫生环境管理制度

查表收费管理制度

水箱清洗消毒管理制度

二次供水加压设备运行操作规程

二次供水服务管理制度

公示公告管理制度

停水应急处置预案

水质污染应急预案

爆管应急处置预案

本标准用词说明

1 为便于在执行本标准条文时区别对待，对要求严格程度不同的用词说明如下：

1）表示很严格，非这样做不可的用词：

正面词采用“必须”，反面词采用“严禁”；

2）表示严格，在正常情况下均应这样做的用词：

正面词采用“应”，反面词采用“不应”或“不得”；

3）表示允许稍有选择，在条件许可时首先应这样做的用词：

正面词采用“宜”，反面词采用“不宜”；

4）表示有选择，在一定条件下可以这样做的用词，采用“可”。

2 条文中指明应按其他有关标准执行的写法为：“应符合……的规定”或“应按……执行”。

引用标准名录

1 《生活饮用水卫生标准》GB 5749

2 《生活饮用水标准检验方法》GB/T 5750

3 《二次供水工程技术规程》CJJ 140

4 《城市建筑二次供水工程技术规程》DBJ51/005

5 《城市供水水质标准》CJ/T 206

6 《生活饮用水输配水设备及防护材料的安全性评价标准》GB/T 17219

7 《中小型三相异步电动机能效限定值及能效等级》GB 18613

8 《企业安全生产标准化基本规范》AQ/T 9006

9 《二次供水设施卫生规范》GB17051

四川省工程建设地方标准

四川省城镇二次供水运行管理标准

Standard for operation and management of the urban secondary water supply in Sichuan Province

DBJ51/T081－2017

条 文 说 明

目　次

1 总 则

1.0.1 本条规定了本标准的编制目的。住建部于2010年发布了《二次供水工程技术规程》(CJJ 140—2010)，对城镇二次供水的运行维护及安全技术制定了统一规范，有力促进了城镇二次供水技术水平的提升。但是，对于城镇二次供水的基础管理、水质管理、运行管理、安全管理、应急管理等综合性管理工作，目前还缺乏相应的行业标准文件。同时，四川省绝大多数城镇的二次供水由非专业管理者承担，管理水平参差不齐，日常运行维护人员不专业、业务开展不规范，导致加压设备和配电设备系统维护不到位、水箱（水池）缺乏有效管理和及时清洗、消毒，水质、水压经常得不到保障。因此，有必要建立四川省城镇生活饮用水二次供水运行管理的地方推荐标准，以提高管理水平。

3 基础管理

3.1 运行资格

3.1.3 本条规定了二次供水涉水岗位人员须健康体检、持证上岗。根据《四川省生活饮用水卫生监督管理办法》第十二条要求，直接从事饮用水生产供应、卫生管理、供水设施清洗消毒、水质处理器（材料）生产的人员应当按照国家规定每年进行一次健康检查，取得健康合格证明后方可上岗工作。

特种作业岗位如电工、焊工等也应持证上岗。根据《特种作业人员安全技术培训考核管理规定》（国家安全生产监督管理总局令第 30 号）要求，电工作业、焊接与热切割作业、危险化学品作业和起重作业等特种作业人员必须经专门的安全技术培训并考核合格，取得《中华人民共和国特种作业操作证》后，方可上岗作业。

3.2 岗位管理

3.2.3 本条规定了二次供水运营单位应持续实施内部员工培训。根据管理运维要求以及新技术、新设备等的采用情况，并结合专业、员工经验和能力进行系统培训。培训效果可采用笔试、现场考核等进行评价。

3.3 制度管理

3.3.4 本条规定了二次供水运营单位应建立的基本制度目

录。附录A为二次供水管理的基本要求，二次供水运营单位建立的制度应涵盖其所列的所有内容，也可以根据自身的管理特点增加其他运行管理的制度文件。

3.5 合同管理

3.5.3 根据《四川省城市二次供水管理办法》中“二次供水设施产权管理”“运行管理”章节的相关内容，明确了产权人、物业服务单位、供水企业和二次供水运营单位的职责，纳入合同管理能更好地对各方的责任、权利等进行明确。

当二次供水运营单位和供水企业、物业服务单位存在主体重合的情况时，相关合同和协议可合并签订；当二次供水运营单位和供水企业、物业服务单位为不同主体时，宜签订三方协议，约定各方职责，但协议内容应涵盖本标准要求。

按《中华人民共和国合同法》《四川省城市供水条例》《四川省合同监督条例》等有关法律、法规的规定，相关部门宜联合制订本合同示范文本，供城市二次供用水合同双方当事人在订立合同时使用。

当二次供水运营单位为供水企业时，二次供水设施是指从城市供水管道取水点至二次供水终端用户水表之间设施的总称；当二次供水运营单位为其他单位时，二次供水设施是指从二次供水运营单位与供水企业双方结算水表至二次供水终端用户水表之间设施的总称。

4 水质管理

4.1 水质及水质检测

4.1.1 本条在《二次供水工程技术规程》CJJ 140 中为强制性条文，必须严格执行。

4.1.2 因各地区并未单一使用液氯作为消毒剂，还使用二氧化氯或其他类型的消毒剂，故消毒剂余量指标可以根据实际消毒剂使用类别和《生活饮用水卫生标准》GB 5749 确定。

4.1.7 根据《四川省生活饮用水卫生监督管理办法》第二十一条，二次供水单位应当每季度对水质检测 1 次，并将检测结果向用户公示。

4.2 清洗消毒

4.2.1 根据《四川省生活饮用水卫生监督管理办法》第二十一条，二次供水运营单位应当至少每半年进行储水设施清洗、消毒 1 次。

按《二次供水工程技术规程》CJJ 140 第十一章规定，应根据储水设施的材质选择相应的消毒剂，不得采用单纯依靠投放消毒剂的清洗消毒方式。

4.2.6 按《四川省城市建筑二次供水工程技术规程》DBJ 51/005 的相关要求，二次供水常用的臭氧消毒、紫外线消毒装置一般为成套设备，部分功能器件需定期进行测试，如果失效需及时更换或维修。

5 运行管理

5.2 自控系统

5.2.1 按《二次供水工程技术规程》CJJ 140 第四章规定，二次供水系统的最不利点只有一处，二次供水系统的水压应满足最不利点的用水器具或用水设备的正常使用，能够达到最低工作压力的要求。

5.2.2 二次供水的参数变更应征得当地供水企业同意，确保不对城镇其他用户供水压力产生影响。

5.2.3 二次供水的自控系统包含 PLC 控制软件、PLC 硬件、人机界面（触摸屏、文本显示器等）、过程仪表、各类电气元件，定期进行功能校核、测试，有助于确保自控系统的安全稳定运行。

5.3 安保系统

5.3.4 根据住建部、国家发改委、公安部和国家计生委四部委联合发布的《关于加强和改进城镇居民二次供水建设与管理确保水质安全的通知》中的要求及《城镇供水行业反恐怖防治标准》的相关规定，应加强对二次供水设施的人防、物防、技防建设，推行封闭管理模式，切实提高安全供水保障能力。

5.4 加压设备设施

5.4.1 根据二次供水配电装置、变频器、PLC控制系统、过程仪表、配电线路、二次回路的维护相关规定，结合主要元器件维护说明书，及时进行技术检查和维护，防止漏电、短路、控制失灵等现象出现。

5.4.2 通过维护或维修，确保水箱基础稳固、内部结构牢固，水箱内壁及外观无形变、无渗漏，水位尺标识清晰，水箱液位控制系统正常，过滤器、防倒流装置清洁通畅，状态良好。

5.4.3 通过维修、拆洗、检定、更换和必要的防腐措施，确保各类阀门、管路、可曲挠橡胶接头等过流部件及其固定连接装置无锈蚀，无老化开裂，无跑、冒、滴、漏等情况，稳流罐、压力罐上的安全装置动作可靠。隔膜式压力罐内橡胶隔膜更换时应选择食品级天然橡胶隔膜。

5.5 二次供水管道

5.5.2 管道及附属设施的维护保养内容包括：设施表面进行清洗与锈蚀部位除锈、防腐；阀杆密封填料（盘根）应压紧，启闭指示器及启闭度应调校；减速齿轮箱应进行检查、加润滑脂；减压阀、止回阀、倒流防止器及水锤消除装置应进行功能检查；排气阀应进行内部检查、清洗；消火栓应进行管口维护；表节点处应保证无锈蚀，无跑、冒、滴、漏现象等。同时对阀门井、管道支吊架、管道支墩等检查应按照《建筑工程施工质量验收统一标准》GB 50300及《建筑给水排水及采暖工程施工质量验收规范》GB 50242要求，及时做好维护和消除缺陷。

5.6 计 量

5.6.1 本条规定的二次供水计量设备是指除水质仪表外的测量设备，按测量对象不同分为流量类（流量计、水表）、力学类（压力表）、热学类（温度计）、电磁类（电能表）、长度类（游标卡尺）等。

5.6.3 本条规定了计量设备周期校准和检定。对于国家规定强制检定计量器具的检定周期不得超过国家有关检定规程的规定。对于国家制定了检定规程的计量装置，二次供水运营单位应根据有关规定的周期执行周期检定（送检或自检）和管理。

5.6.8 本条规定了二次供水运营单位应统计和分析电耗、供销差，以便制订节能降耗目标，同时有助于评估管道漏损、机泵效率等指标。

7　安全管理

7.0.2　本条规定了二次供水运营单位应遵照《中华人民共和国安全生产法》等国家和地方有关安全生产法规内关于设置安全管理机构或配备安全管理人员的要求。

7.0.4　本条规定了二次供水运营单位安全生产投入保障机制。安全生产费用作为专门用于完善和改进安全生产条件的专项资金，应参照《企业安全生产费用提取和使用管理办法》(财企〔2012〕16号)进行制度化管理，做到专款专用。二次供水的运行安全保障主要包括：防水、防火、防冻、防潮、防小动物、防雷击、防破坏、可靠供电、特种设备（压力水容器、安全阀等）管理等方面。

7.0.5　本条规定了设置安全警示标志的要求。二次供水运营单位应参照《安全标志及其使用导则》GB 2894设置安全警示标志。安全警示标志应设置在有较大危险因素的作业场所和设备设施，告知危险的种类、后果及应急措施等。

7.0.6　二次供水运营单位应根据安全生产的需要和特点，采用综合检查、专业检查、季节性检查、节假日检查、日常检查等方式进行隐患排查。

7.0.7　二次供水运营单位应按照国家相关规定要求，为从业人员提供符合职业健康要求的工作环境和条件，配备与职业健康保护相适应的设施、工具和劳动防护用品。相关要求参照《中华人民共和国职业病防治法》(中华人民共和国主席令第五十二号)、《作业场所职业健康监督管理暂行规定》(国家安全生产监督管理总局第 23 号令)、《个体防护装备选用规范》GB/T 11651执行。

7.0.8 本条规定了消防专项检查的要求。消防专项检查主要包括用火、用电有无违章情况；安全出口、疏散通道是否畅通；安全疏散指示标志、应急照明是否完好；消防设施、器材是否正常有效；职工消防知识的掌握情况；消防安全重点部位的管理情况。

8　环境管理

8.0.1　本条文要求泵房内应有维修和储存备件的区域，确保在泵房内能存有一定数量的备品备件，及时组织二次供水设施的维护和抢修，提高二次供水设施正常运行的保障系数。

8.0.3　做好防水、防潮措施，以防止自来水溢出，造成电控系统短路、损坏，确保二次供水设备与人身安全。泵房内要求设置通风装置，满足二次供水设备，尤其是电控系统、消毒设备对通风的要求，并改善操作人员的工作环境。泵房的墙壁、天花板应采取隔音、吸音处理等减振防噪措施，避免噪声扰民。

8.0.5　通过日常保洁确保地面无积水、杂物，设备无积尘或蛛网，管路及设备标识清晰，内部墙面、地面无脱落、渗水等异常情况。